TRAITE

CONCERNANT

LES PIEDS ET LES MAINS

PAR

MAYER FILS

PÉDICURE & MANICURE

Prix : 75 Centimes.

EN VENTE A LYON

Chez l'Auteur, place de la Bourse, 2 ;
Chez M. Cerf-Mayer, rue Saint-Dominique, 2 :
à la Librairie médicale de J.-P. Mégret,
quai de l'Hôpital, 57.

A PARIS

Chez F. Savy, libraire, rue Hautefeuille, 24.

1868.

TRAITÉ

CONCERNANT

LES PIEDS ET LES MAINS

PAR

MAYER FILS

PÉDICURE & MANICURE

Prix : 75 Centimes.

EN VENTE A LYON

Chez l'AUTEUR, place de la Bourse, 2 ;
Chez M. CERF-MAYER, rue Saint-Dominique, 2 ;
à la Librairie médicale de J.-P. MÉGRET,
quai de l'Hôpital, 57.

A PARIS

Chez F. SAVY, libraire, rue Hautefeuille, 24.

—

DÉPÔT LÉGAL 1868.

LYON,

LITHOGRAPHIE G. VÉRONNET,

Passage l'Hôtel-Dieu, 46 et 48.

—

TYP. C. GUICHARD.

AVANT-PROPOS.

Le désir d'être utile au public m'a entraîné à lui indiquer sommairement ce qu'il doit demander à la pédicurie, ce qui est en général fort mal défini. La *Pédicurie* (*Pedum cura*) est l'art de soigner les pieds et de traiter les maladies qui leur sont pour ainsi dire particulières. Aussi les excroissances épidermiques connues sous les noms de *Cors, Durillons, Oignons, OEils de perdrix*, les *Engelures*, les *Verrues*, le *Chevauchement des Orteils des Enfants*, les *Maladies des Ongles*, les *Sueurs immodérées des pieds*, sont-ils du ressort spécial du Pédicure ; mais il faut se garder de confondre cette science des pieds avec les spécifiques qu'on offre pour la guérison des Cors.

La toilette et l'entretien des pieds consistent simplement à se les faire soigner méthodiquement, de manière à prévenir ou détruire tous les accidents qui les affectent, ce qui ne tient en rien au charlatanisme.

Comme c'est une des premières jouissances de la vie que de pouvoir se transporter librement où la volonté conduit, si l'on sent de la douleur aux pieds, l'on néglige de marcher, et la santé, par contre-coup, en reçoit un dommage réel.

La méthode de soigner les pieds ne peut que s'accréditer de jour en jour, puisque son but est de maintenir les pieds dans une aisance et dans une liberté continuelles, et, l'on doit regarder comme le plus grand des accidents qui puissent leur arriver celui d'être privé de quelques mouvements aux articulations.

Deux causes contribuent aux accidents qui affectent les pieds : la marche forcée et les chaussures.

Une troisième cause, que l'on pourrait y joindre, est le peu d'attention que l'on apporte à les soigner. On doit cependant rapporter le tout à la chaussure ; car en supposant la plus grande fatigue, les pieds, malgré leur délicatesse, la supporteraient et s'endurciraient si l'on n'en portait pas. Les chaussures, en effet, exposent à des frottements continuels qui donnent lieu à des cors ; elles gênent les ongles dans leur accroissement, elles concentrent la transpiration naturelle et la changent souvent en une sueur âcre et corrosive, la peau s'excorie, de là résultent divers petits accidents qui, faute de soins, deviennent quelquefois très sérieux.

Les plus petits maux aux pieds donnent donc naissance à une infinité d'autres beaucoup plus fâcheux, et c'est particulièrement dans la jeunesse que l'on devrait y faire le plus attention.

Que les parents songent aux regrets qu'ils auraient si, par négligence, ils condamnaient leurs enfants à une vie de douleurs et de souffrances ! ce que les soins bien entendus d'un homme spécial peuvent éviter.

Elève et Collaborateur de mon Père, auquel une expérience de plus de vingt années de pratique a fait une réputation justement méritée, j'ai cru devoir compléter mon instruction en étudiant, le scapel en main, la structure et les diverses phases des maladies des pieds, soit en opérant sur les sujets vivants qui se trouvaient dans nos hôpitaux, soit en disséquant à l'amphithéâtre de l'Ecole de médecine. Fort de cette étude approfondie, j'espère me rendre de plus en plus digne de la confiance dont on veut bien m'honorer.

MAYER Fils.

TRAITÉ

CONCERNANT

LES PIEDS ET LES MAINS

DES CORS.

En latin *clavus*, clou, ou *gemursa*, qui vient sans doute du verbe *gemere*, gémir, à cause de l'excessive douleur qu'il occasionne.

On nomme *Cor* une excroissance épidermique, qui a son siége aux orteils ou à la plante des pieds.

Le *Cor* se présente sous la forme d'une protubérance aplatie, caleuse, très-limitée; il offre constamment deux parties : l'une superficielle, c'est celle que nous venons de décrire; l'autre profonde, conique, dure comme de la corne qui s'enfonce dans la chair jusqu'aux *tendons*, aux *ligaments* et même au *périoste*, ce qui lui donne l'apparence d'un clou dont la partie superficielle forme la tête.

SIÉGE DES CORS.

Les cors peuvent survenir à tous les orteils et sur toutes les parties du pied où ils existerait une pression trop prolongée dans la chaussure. Il n'est pas rare d'en rencontrer à la plante des pieds et entre les orteils.

Les six figures suivantes représentent six pieds de différentes conformations, vus en différents sens, et difformés soit naturellement, soit par les chaussures. Toutes les élévations qui paraissent sur chacun d'eux sont autant d'endroits où il est possible qu'il paraisse des cors.

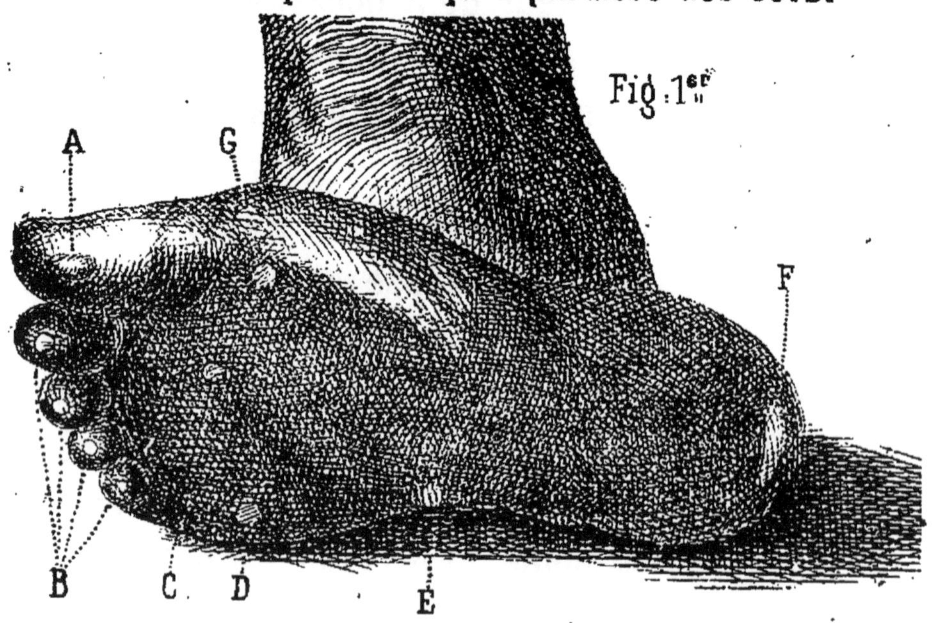

La figure première représente un pied ordinaire vu de la plante, pour indiquer les accidents
qui peuvent arriver dans cette partie. Il vient
ordinairement sous le pouce A, à l'extrémité de
l'un ou de tous les doigts B, au milieu de la
plante des pieds C, aux deux côtés D et G, et à
l'endroit marqué E, des cors et des durillons
qui quelquefois sont très-douloureux. Les ta-
lons F sont assez souvent bordés d'un durillon
qui use et coupe les bas. Ce durillon, dans la
sécheresse de l'hiver, est sujet à se gerçe.

Fig. 2

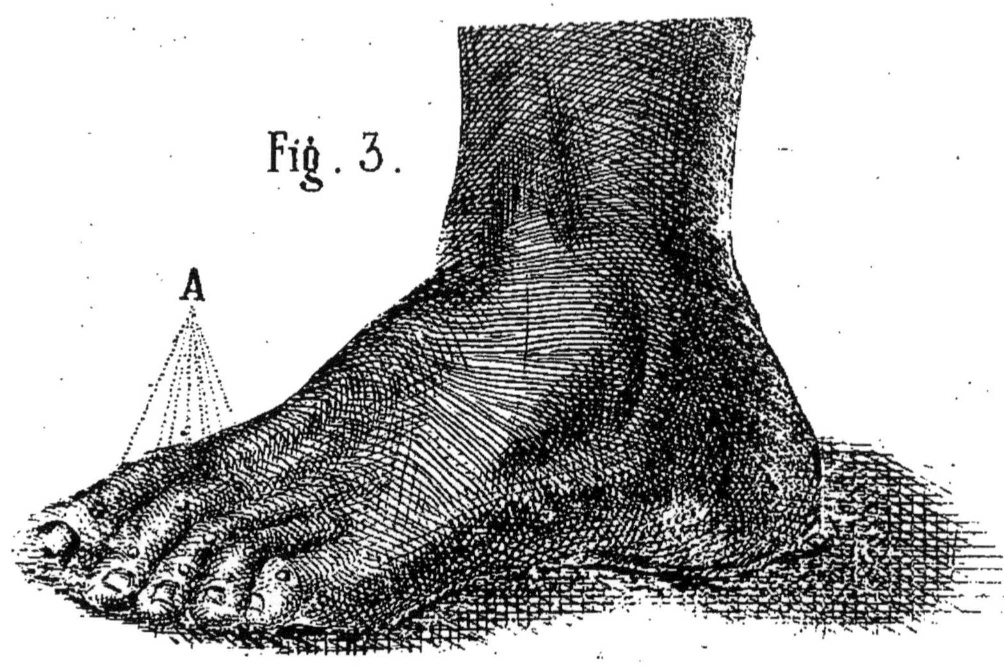

Les figures 2 et 3 représentent deux pieds qui, au premier coup d'œil, paraissent également bien conformés.

La figure 2 représente un pied dont le doigt qui avoisine le pouce est plus long que lui, et la figure 3 représente un autre pied dont le pouce est le plus long de tous les doigts ; c'est ce dernier qui m'a paru le mieux fait.

Comme j'en rencontre presque autant de l'une que de l'autre conformation, j'ai consulté plusieurs personnes : presque toutes ont été d'accord que le pied le mieux fait était celui figure 2, dont le doigt près du pouce est le plus long de tous les doigts. Je plains cependant les personnes qui ont le pied conformé ainsi, parce qu'il est le plus sujet à se déformer, comme on le verra figure 4. Les endroits marqués *A*, figure 3, servent à indiquer des articulations où viennent généralement des cors.

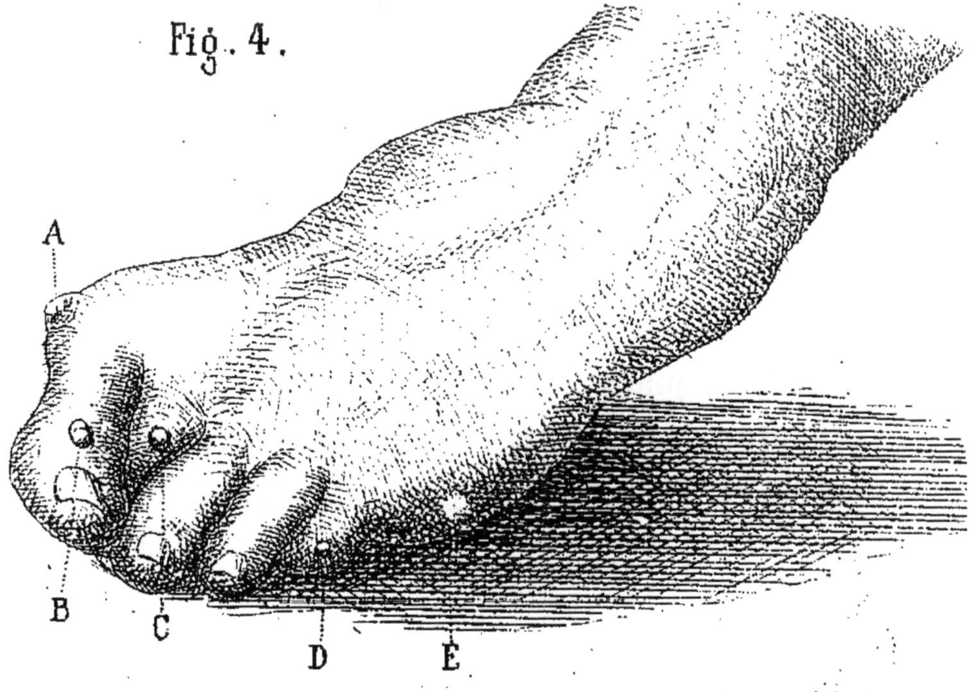

Figure 4. — J'ai été forcé de tracer cette figure parce qu'il se rencontre beaucoup de pieds de cette forme. C'est le pied de la figure 2 qui,

enfermé dans la jeunesse dans une chaussure étroite ou trop courte, s'est déformé ainsi.

On peut aisément juger que le pouce est le plus fort des doigts du pied, qu'il atteint généralement le bout des chaussures. Si le doigt voisin du pouce, qui est bien plus faible, est plus long que lui, il est obligé de se plier et de se placer, comme il est représenté dans cette figure, entre le pouce et son voisin.

A, c'est l'endroit où croissent ordinairement les oignons.

B. Il vient quelquefois des cors sur le pouce et presque toujours sur l'élévation du doigt courbé *C*.

D. Le petit doigt, quand le pied est mal conformé, se place sous les autres; alors il vient près de l'ongle un cor d'autant plus douloureux que le poids du corps porte dessus.

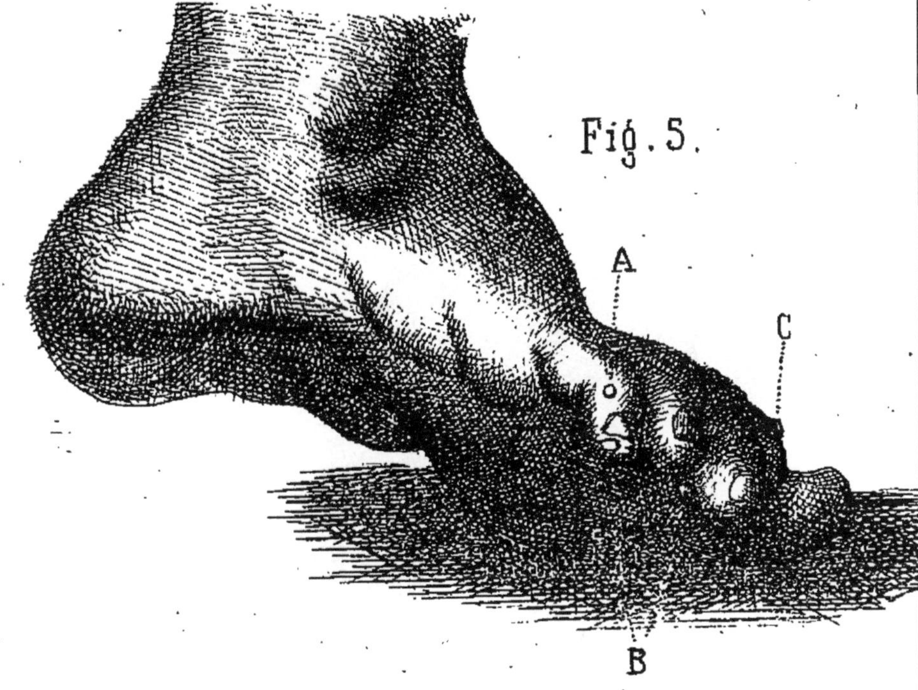

Figure 5. — C'est le pied fig. 4 vu de la plante, déformé, comme je l'ai dit, par les chaussures.

Il se forme presque toujours des cors aux endroits marqué *A*, *B*, *C*.

La figure 6 représente un pied dont le petit doigt est placé sur son voisin, ce qui, par cette position, le fatigue au point de l'aplatir considérablement.

Les endroits marqués *A*, *B*, *C*, indiquent les cors qui viennent généralement dans ces parties.

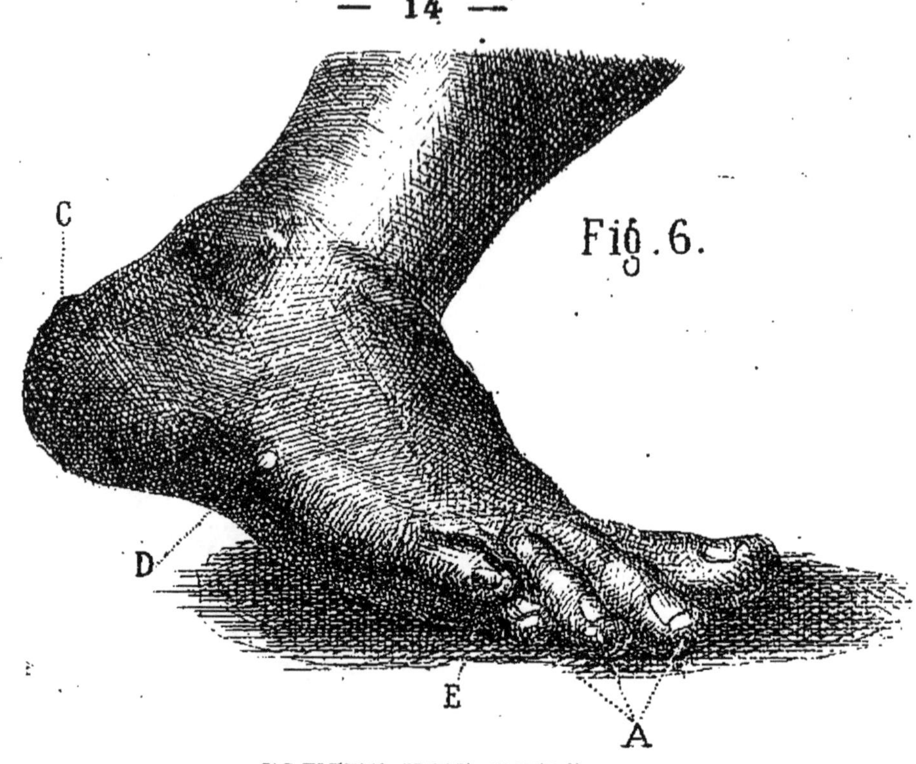

CAUSES DES CORS.

Les cors, comme je l'ai dit, se développent constamment sous l'influence de pressions prolongées ; aussi est-ce dans la chaussure que se trouve la véritable et principale cause de leur production.

Les chaussures très-larges peuvent, comme celles qui sont trop étroites, donner naissance à des cors. En effet, une première pression donne lieu à une sensibilité dans la partie comprimée, souvent une petite ampoule en est le résultat :

le fluide que celle-ci contient s'écoule au dehors ou est absorbé. Dans les deux cas, la lame superficielle de l'ampoule adhère au *derme* et donne naissance au cor; car les pressions nouvelles tendent toujours à l'accroître, non en largeur, mais en profondeur. La pression est évidemment très-large, mais elle n'est pas égale partout; elle est plus intense au centre qu'à la circonférence, parce que les orteils étant en dos d'âne, il n'existe qu'un point très-limité de l'os qui présente de la résistance à la pression. Si on veut bien observer maintenant que les chairs comprimées ont une épaisseur donnée, on verra que la pression centrale se trouve la plus forte, tandis que les pressions sur la circonférence s'étendant à une certaine profondeur dans les chairs, cessent d'y trouver un point d'appui. C'est cette différence de résistance qui arrête le développement du *cor* à sa circonférence.

Une foule de moyens ont été et sont encore proposés pour la guérison des cors; il n'est pas un empirique qui n'ait son secret infaillible. Tous ces charlatans, dont la science consiste à couvrir leurs moyens curatifs d'un voile mystérieux, vont portant des certificats attestant la guérison radicale des cors, obtenue pour les uns au moyen de l'arrachement, pour les autres à l'aide d'une cautérisation dont eux seuls savent apprécier le mérite ; ces remèdes réputés infaillibles font constamment des dupes, très-souvent des victimes.

J'ai parcouru presque tous ces marchands de secrets ; j'ai fait emplette de tous leurs remèdes : chez l'un c'est un onguent vert ; chez un autre il est jaune, ailleurs il est rouge brun, noir. Je les ai vus à l'œuvre, je n'ai jamais reconnu que le meilleur ait été efficace ; quelques-uns même auraient produit des effets pernicieux s'ils n'y eusssent bientôt renoncé. Le simple bon sens fera reconnaître l'imposture de ces *empiriques bohémiens* promettant que leur spécifique fera disparaître, rongera et consumera radicalement les cors, les oignons, etc.

Comment, en effet, par l'application d'un topique veut-on ronger et consumer des tubercules aussi durs, sans attaquer le *derme* et l'*épiderme* environnants? Aussi il est le plus souvent dangereux de faire usage de ces onguents dont

la base est une substance plus ou moins dange-
reuse, comme le vert-de-gris (oxide vert de cui-
vre), ou le cinabre (oxide sulfuré rouge de
mercure).

DURILLONS.

Le durillon (en latin *callus*) est toujours formé
par des lames d'épiderme superposées, assez
intimement unies entre elles pour ne pouvoir
être séparées qu'à l'aide d'un instrument tran-
chant.

Ils constituent un simple épaississement de
la peau, qui va en décroissant d'une manière
insensible du centre à la circonférence. Le durillon se forme aux pieds et aux mains soit par
la compression, soit par un exercice violent et
répété chez les ouvriers et chez ceux qui mar-
chent beaucoup. Son siége est plus ordinairement au talon et sur la face latérale externe du
petit orteil et sur les autres parties du pied en
contact avec la chaussure. La cause qui le produit quoique agissant sans cesse sur lui, n'en
rend pas le traitement plus difficile.

OIGNONS.

L'*oignon* (en latin *tuber verrucosum*) est une espèce de cor très-large, qui se développe sur une tumeur *bultiforme, molasse* et *rouge*, dont l'épiderme souvent plissé tend à se détacher par feuilles très-minces. Le siége de cette tumeur est d'ordinaire sur l'articulation du gros orteil qui, s'étant contourné sous la pression exercée par une chaussure trop étroite du bout ou trop courte, lui fait former un angle obtus avec le premier os du *métatarse,* ce qui en est toujours la cause *déterminante.*

ŒILS DE PERDRIX.

On nomme *œils de perdrix* les cors qui se trouvent placés entre les orteils. Ils sont constamment humides par leur position même.

Ils ont à leur centre, au lieu de pivot, une cavité contenant très-souvent de la sérosité de couleur grisâtre, qui contraste avec la blancheur du bourrelet qui l'environne. Malgré les douleurs insupportables qu'ils occasionnent, surtout au moment des variations atmosphériques, ils disparaissent ordinairement plus vite que les cors externes.

VERRUES.

Les *verrues* sont des excroissances extraordinaires des fibrilles nerveuses de la peau, qui s'attachent surtout au visage, aux mains et aux pieds. Le principe de toutes ces excroissances procède d'une humeur grossière et salée qui, privée de circulation, s'épaissit insensiblement et forme ces callosités qu'on nomme *verrues*.

Les verrues ne causent généralement aucune douleur lorsqu'elles sont à la face ou aux mains ; mais celles situées à la plante du pied sont très-douloureuses parce qu'elles sont constamment macérées dans la marche.

On compte plusieurs sortes de verrues qui toutes proviennent du même principe ; il n'y a de différence que dans l'espèce. On peut les classer dans trois catégories : les rondes, les plates et les pendantes. Ce qui distingue les verrues des cors, c'est que ceux-ci ont leur base beaucoup plus large au fond de la peau, et très-petite à leur extrémité, tandis que les verrues ont une surface plus ou moins large au niveau de l'épiderme, et qu'elles forment une espèce de pivot.

ONGLES.

Les *ongles* (en latin *unguis*) sont des cors durs et solides, de figure ovale, transparente, situés à l'extrémité des doigts, tant des mains que des pieds. Leur substance est semblable à de la corne, étant comme elle composée de plusieurs fibres longitudinales qui se lient à mesure qu'elles se détachent de l'épiderme, et qui suivent la courbure de l'extrémité des doigts qu'elles recouvrent. Les ongles sont diaphanes et ordinairement d'une couleur pourprée aux hommes sanguins, brun obscur aux vieillards et aux mélancoliques, et pâle aux personnes délicates.

Les ongles sont sujets à se gercer, se fendre, s'exfolier, se recourber dans la peau, se raccornir et à subir diverses altérations dont les effets sont leur difformité et quelquefois leur chute.

Les ongles des pieds ont absolument la même conformation que ceux des mains ; ils ont beaucoup plus de facilité à s'épaissir parce que les liqueurs s'y portent avec plus d'abondance, et que les chaussures contrarient leur accroissement

Un des principaux vices de conformation des ongles des pieds est d'entrer dans les chairs par leurs angles, et de causer ainsi des douleurs intolérables. Il est des ongles qui croissent naturellement en limaçon ou se replient, et vont piquer l'orteil voisin ou celui auquel ils appartiennent ; d'autres s'élèvent extraordinairement au lieu de suivre le niveau de la peau ; d'autres, quoique bien conformés, acquièrent une épaisseur extraordinaire, en sorte qu'il est impossible de les couper avec des ciseaux ; d'autres enfin n'ont aucune forme déterminée et ne sont qu'un corps calleux. Tels sont les principaux vices de conformation des ongles.

Des soins bien entendus peuvent y remédier, et je puis donner la preuve d'opérations fort difficile, dont le résultat a été parfait.

ENGELURES.

Il est une espèce d'incommodité qui souvent affecte, en hiver, les pieds ou les mains ; on la nomme *engelures* ou *mules*, suivant l'endroit auquel elle s'attache ; les mules sont toujours au talon. Cette incommodité a pour principe la stagnation du sang causée par le resserrement des vaisseaux capilaires de la peau, ce qui n'est occasionné que par la rigueur du froid. Les humeurs ainsi fixées déchirent et ulcèrent les parties, et leur séjour les rendant plus âcres, occasionnent les douleurs qu'on y éprouve.

Les engelures ne sont pas dangereuses, cependant quand ou y porte pas remède de bonne heure, elles deviennent très-difficiles à guérir ; elles peuvent quelquefois attirer la suppuration et la gangrène dans la partie.

TOILETTE DES MAINS.

Une belle main ajoute pour ainsi dire à la beauté du corps ; aussi crois-je ne pas devoir terminer sans dire quelques mots de cette partie si importante de la pédicurie.

C'est à l'inspection de la main qu'on juge souvent d'une personne bien née ; c'est ce qui la distingue du commun, et c'est à la manière dont les ongles sont soignés qu'on juge de la personne. On ne peut disconvenir que les ongles bien faits, bien rangés, de figure ovale, transparents, sans aucune tache ni canelure, animés d'une certaine couleur de chair n'ajoutent beaucoup à la beauté de la main ; mais tout le monde n'est pas doué de cet avantage. L'épiderme semi-linéaire qui enveloppe la racine de l'ongle est sujet à se corrompre par l'influence des sucs nutritifs qui agissent continuellement ; de là, rupture de cette sur-peau, qui ocasionne des déchirures nommées *envies*, si douloureuses, si dangereuses même, lorsqu'on les arrache parce qu'elle tiennent à la chair vive. Il est donc utile de confier la toilette, soit des mains, soit des pieds, à ceux qui par état peuvent juger des moyens qu'il faut employer.

Comme je l'ai dit dans l'introduction, la pensée d'être utile au public m'a seule poussé à faire paraitre cet opuscule, et je crois pouvoir ajouter que c'est par les soins les plus éclairés et les plus assidus que je répondrai à la confiance dont on voudra m'honorer.

Mon Traitement a lieu par Abonnement et par Visite.

Mon domicile : Place de la Bourse, 2, à Lyon.

CABINET DE MIDI A 2 HEURES.

OPÉRATIONS A DOMICILE.

Nota. — Je me tiendrai également à la disposition des personnes qui voudront bien me faire demander aux Bains Maderni sur le Rhône, quai de Retz, en face le Lycée, tous les jours de 7 heures du matin à 6 heures du soir.

Lyon. — Lith. Véronnet. Typ. C. Guichard.

RONDELLES ADHÉRENTES A LA PEAU

Pour éviter le frottement et la pression de la chaussure contre les Cors, Oignons, OEils-de-Perdrix, Verrues, etc.

N⁰ˢ et modèles employés le plus souvent.

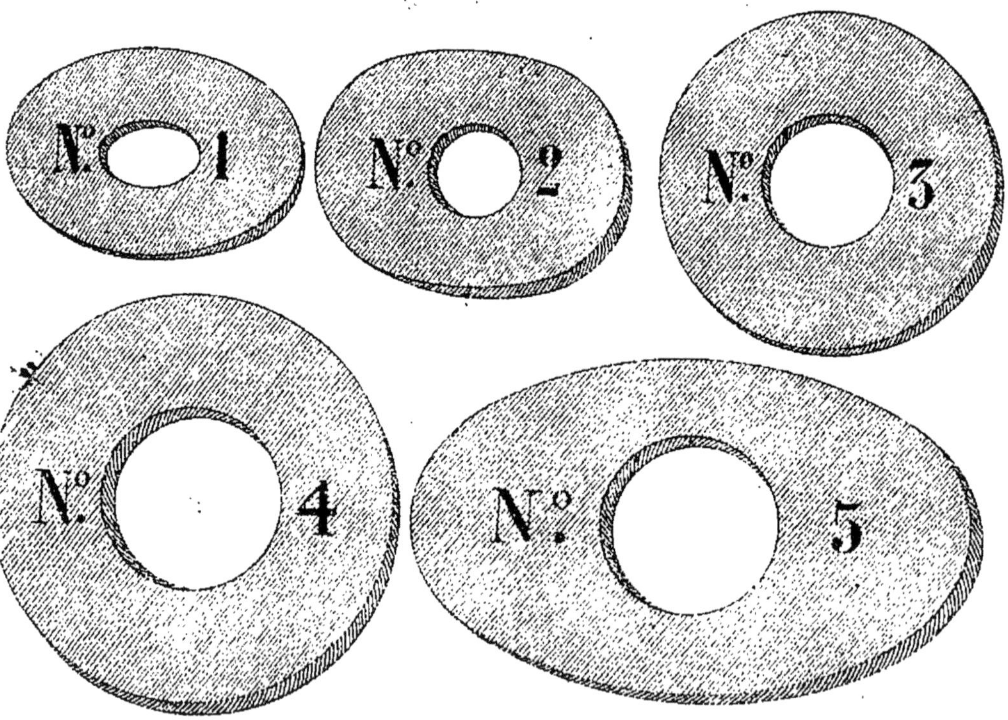

Chaque numéro se vend séparément dans une boîte.

Prix de la boîte : 3 francs

Se vend à Lyon, chez M. CERF-MAYER, rue Saint-Dominique, 2; — et chez MAYER fils, place de la Bourse, 2.

(Déposé au Conseil des Prud'hommes.)

www.ingramcontent.com/pod-product-compliance
Ingram Content Group UK Ltd.
Pitfield, Milton Keynes, MK11 3LW, UK
UKHW020910140726
13695UKWH00006B/2425